TRESOR
DES SECRETS
INESTIMABLES, POVR
LA CONSERVATION
DV CORPS HVMAIN.

Ensemble plusieurs traicts de gentillesse,
ieux de cartes, & autres secrets
rares & recreatiues.

Composez par le Seigneur RONDIN.

Auec Permission.

A PARIS.

M. DC. XXX.

POVR GVERIR VNE PLAIE
dans Vingt-quatre heures.

PRenez Therebentine & Storax liquide, autant d'vn que d'autre, deux onces d'eau de vie, vin rouge vne liure, & mettés le tout enfemble dans vn vaiffeau de verre diftilatoire, & tirez ladicte liqueur à bain Marie, & mettez fur la playe auec du linge.

Recepte pour la bruflure.

Prenez le clair de deux œufs, deux onces de Tutie, deux onces de chaux viue, lauée en neuf eauës, vne once d'huille de Camphre, vne once de cire neufue, quatre once d'huille rofat, le tout ferez fondre dans vne caffole de cuiure, en le remuant l'efpace d'vn demy quart d'heure, & en faites vn onguent.

Secret contre les vers des enfans

Prenez farine de lupins amere, Aloës, Hepatic, de chacun trois dragmes, le fuc de Celidoine, le tout meflé enfemble, & foit eftendu fur quelque drappeau, le mettez fur le nombril de l'enfant.

Pour guarir les corps des pieds.

Prenez Armoniac, Galbanum vne once, puis le diffoudre, dans du vignaire, ou eau de vie enuiron quatre onces, puis prenez de la Therebentine trois onces, cire vne once, & faites en onguent, puis en mettez vn emplaftre fur le cor, de vingt-quatre en vingt-quatre

heures, l'ayant premierement couppé iufques
au fang, & continuer huict iours entiers, & ia-
mais ne reuiendra.

Vnguent pour les lentilles qui viennent au vifage.

Prenez vnguent Deubtheu, huile rofat, eau
rofe, beurre frais de chacun vn peu, à la difcre-
tion, meflez le tout enfemble, & de telle action
vferez tous les foirs, & vous ferez guary.

Pour les dertres & feu volage qui vient au vifage.

Prenés eau de Plantin, eau de Rofe, eau de
Chicorée, demy liure de chacun, & les mettés
dans vne phiole, auec vne once de fel Armoniac, litarge d'argent quatre onces, le tout dif-
foudrés enfemble fur la cendre chaude l'efpace de cinq heures, puis en vferés à l'entour du
mal, auec vn linge blanc tous les foirs, à ce que
verrés effect de la maladie. Chofe approuuée
& experimentee,

Pour le mal des yeux, & autres inflammations.

Prenez Camphre demy once, fucre candy
vne dragme, vitriol blanc deux dragmes, faf-
fran vne dragme, le tout piler enfemble, puis
mettre le tout dans vne phiole, & y adioufte-
rés eau rofe, eau de plantin, eau de fenoüil, eau
de fraizier, quatre onces de chacune, les laiffer
repofer vingt-quatre heures, puis en vferez a-
uec du coton, & le foir fe contre-garder du fe-
rain, & ferez guary,

Pour empefcher que les pieds ne fuent.

Prenez limaille de fer blanc & de cuiure, en
mettés fous les pieds, empefcheront qu'ils ne
fuent.

Pour arrester le sang du nez.

Prenés vn pourceau, le faites cuire entre deux braises, puis mettés dudit pourceau sur les poignets, & verréz incontinent l'effect.

Remede contre la difficulté d'vrine, causée par sable ou pierre estant dans la vessie.

Prenés huille de Therebentine, huille d'amandes ameres, du sang de Bouc qui soit bien sec, vne dragme de chacun, meslés le tout ensemble, & beuués de ladite potion par trois matins suiuans, auec vn doigt de bouillon, ou vin blanc, & verrés grand effect.

Remede contre la colique venteuse.

Prenés essence d'anis, essence de fenoüil, essence de girofle, de chacun vne dragme, puis en vser lors que le mal viendra, enuiron vne scrupule, ou dix ou douze gouttes, dans vn petit de vin blanc, & mettre vne seruiette chaude sur l'estomach.

Pour la suffocation de matrice.

Prenez quatre gouttes d'essence de Gayat. huille de muscade vne dragme, laquelle dissoudrez auec eau de vie, dans vne escuelle enuiron demy once, puis prendrez, lors que les trenchees arriueront, vne ou deux gouttes dás du vin blanc, & verrez aussi tost le mal passé.

Remede contre la teigne.

Prené chaux viue vne liure, cendre de sermét deux liures, alun de roche quatre onces, le tout mettrés dás vne casse, infuser, auec 12. liures d'eau cómune, & en faire vne lexiue, de laquelle frotterés la teste, apres auoir couppé le poil,

puis mettre du souphre fondu auec huille d'Aſpic, de chacun huict onces , & en ferez vn onguent pour en frotter la teſte, apres auoir baſſiné de ladite lexiue, continuez durant huict
iours, & ferez guary.

Pour guarir la fieure en peu de temps.

Prenés neuf grains de poivre , & les rompés
en morceaux, & les faites tremper dans du vinaigre enuiron quatre doigts , puis le beuuez à
jeun, & la fieure s'en ira.

Pour guarir la toux.

Prenez vne figue, & la faite rotir, & la mangez, & continuez quelque eſpace de temps, la
toux vous laiſſera.

Autre ſecret pour la Toux.

Prenés des oignons, & les faites cuire dans
les cendres chaudes, & le ſoir taillez les par
merceaux, & les mangés ſans boire.

Admirable ſecret pour empeſcher le flux d'vrine.

Faut prendre de ſouris, les faire roſtir, &
donner le ius à boire, ou à manger.

Secret notable pour les douleurs des jointures.

Faut prendre la fiente de bœuf, auec du vinaigre , poſée chaude ſur les jointures, oſte la
douleur; & fait le ſemblable aux hydropiques,
le mettant chaud deſſus la ratte.

Secret admirable pour faire venir la purgation

Prenez vne orange & la fendez par la moitié, en oſtez la graine de dedans , & mettez
pour vn double de ſafran, & la liez auec du fil,
& la mettés dans la cendre chaude l'eſpace de
demy quart d'heure: prenés l'orange & la pilés

& en prenés le ius, & le mettés dans vn verre
auec du vin blanc, & le beuués l'espace de trois
matins, la purgation viendra.

Secret pour le mal de Sainct Iean.

Prenés le test de la teste d'vn mort, pilés le en
poudre, & le mettés dans du vin blanc, & le
beuués l'espace de trois matins, il vous guerira.

Secret admirable pour ceux qui ne peuuent pisser.

Prenez 3. escreuisses & les faites bien cuire,
& tous les soirs presses-en vne & en ostez le
ius, & le prenez dans vn verre de vin blac l'espace de trois matins, & vous promenez trois
heures, & apres pisserez tant que voudrez.

Propriété de l'eau de Sauge.

Eau de Sauge est bonne à toutes maladies
froides de nerfs, à sçauoir en paralisie, tremble-
ment de membres, extortió de nerfs, epilepsie,
& en semblables maladies, & aussi est bonne à
reuolution de genciues & douleur de dents, &
est bonne à froideur d'estomach & de l'amaris,
& en peut-on boire à par soy, ou auec du vin,
& en lauer la bouche & les genciues, & appliquer les drappeaux chauds, moüillez-en icelle
par dehors en diuers lieux.

Propriété de l'eau de Romarin.

Eau de Romarin est bonne contre toutes maladies froides, & fait auoir appetit, reconforte
l'esprit, la chaleur naturelle, & renferme les
membres, en special le cerceau, elle fait le vi-
sage beau quand on s'en laue, l'auez-en la teste
elle multipliera les cheueux, & garde le cœur
des fistules mauuaises, conforte la substance du

cœur, & garde le cœur de pourriture par long
vſage de temps, lauer ſa bouche de ceſte eau
conforte les dents & les genciues, & guerit de
chancres & de fiſtules.

Proprieté de l'Ail.

L'ail eſt bon contre la peſte, pour le vomiſſe-
ment, pour tout mal d'eſtomach, contre l'air
infecté, & contre le poiſon, le mangeant. Il cō-
ſerue auſſi l'homme en ſanté: pour les vers des
enfans il faut le piler, & l'appliquer ſur le ven-
tre: pour la toux, faut l'appliquer ſur la plante
des pieds : pour oſter tous les poux de la teſte,
faut la frotter dudict Ail; Et l'eau diſtilee eſt
bonne pour la grauelle, & pour la colique,
pour la douleur de reins, & fait venir le laict
aux femmes.

Secret pour auoir bonne memoire.

Faictes vous razer le haut de la teſte, & mettez vn emplaſtre de Taquemart, & le metrez
ſur la teſte, aurés bonnes memoire.

Secret aſſeuré pour blanchir les dents.

Faictes calciner des os de pied de mouton,
telle quantité que vous voudrés, & autant de
coquilles d'œufs que ferés ſecher, puis les re-
duirez en poudre auec des os de ſeche, & pierre de ponce, à diſcretion, s'en frotter les dents
les blanchira.

Pour faire venir le poil.

Prenez du miel & du ſon fricaſſé enſemble,
& prenés de l'eſtoupe, & en faites vne calotte,
& la mettés l'eſpace de quinze iours, le poil
viendra.

Pour

Pour friser le poil.

Prenez telle quantité qu'il vous plaira de cornes de Belier, les hacher fort menuës, & les broyer auec de l'huille, puis en frottez les cheueux.

Secret pour noircir le poil.

Prenez de fin argent de coupelle, le faictes diſſoudre dans de l'eau forte petit à petit, prés le feu, & y adiouſtez vn peu de plomb, le tout diſſoult enſemble, trempez voſtre peigne dedans, & vous en verrez l'effect.

Ineſtimable ſecret pour oſter le poil en quelque partie que ce ſoit, ſans ſouffrir aucune douleur.

Prenez des eſcailles, ou coquilles de cinquante œufs, les faictes bruſler dans vn pot, à feu de charbon, qu'elles ſoient calcinées, & les diſtilez dans la chappelle, à bon feu de charbon, & de l'eau qu'en tirerez laués la partie que vous voudrés, oſtera le poil ſans nulle douleur.

Pour ne ſe point laſſer en cheminant.

Faut prendre d'vne herbe nommée Sempreuiue, la piler & en mettre ſous vos pieds.

Pour faire mourir les punaiſes.

Prenez ſuc d'eſcorce de noix quatre onces, chaux viue, orpiment, de chacun vne once, le tout meſlé dans ledit ſuc, & en frottez les ioinctures du lict.

Pour faire eſternuer quelqu'vn en compagnie.

Prenez Euphobe & le mettrez en poudre, & donnez à fleurer à celuy que voudrez qu'il eſternuë, il n'y manquera.

Autre pour faire esternuer tous ceux qui
seront en vn bal.

Prenez Gayat, Elebore noir, de chacun vne
vnce, les bien piler & mettre en poudre, dans
vn canon de bois de la longueur d'vn demy
pied, & la soufflerez à la porte de la chãbre,
vous verrez esternuer en abondance.

Pour changer en vn ieu de cartes quatre Rois en
quatre Dames, ou autre, de la façon que
vous voudrez.

Faut prendre trois cartes, lesquelles vous ferez peindre moitié, d'vne façon, & moitié de
l'autre, & auec vne autre carte, les tenant cou-
uertes, vous monstrerez le ieu, lesquelles tournant de l'autre costé changera les cartes.

Pour faire qu'en tirant vne carte hors du ieu, il s'en
trouue vne autre sans que l'on l'apperçoiue.

Prenés vn Roy de carte, & le pliez par la moitié, puis le mettez au dessus d'vne autre cou-
urant subtilement vostre indrustrie renuerlez
les cartes entre vos mains, afin que les figures
ne se voyent, faites la tirer par dessus on se
trouuera esmerueillé d'en voir vne autre.

Pour faires deux testes en peinture contre vne mu-
raille, l'vne desquelles amorcera la chandelle,
& l'autre l'allumera.

Faut peindre deux testes contre vne muraile,
& faire vn trou à la bouche de toutes deux,
dans l'vne desquelles vous mettrez du sel armoniac, & à l'autre du soulphre, & lors que
voudrez faire amorcer la chandelle, vous la
presenterez à celle du sel armoniac, & apres à

l'autre, qui l'allumera.

Pour faire qu'vn Corbeau peint contre vne muraille chantera.

Faut peindre vn Corbeau ſur vne fueille de papier, puis vous ferez vn trou à la muraille, dans lequel vous mettrez vne Grenoüille puis collerés le Corbeau peint ſur ledit trou, & luy montrerés vne chandelle allumee, la Grenoüille chantera, & ſemblera que ce ſoit le Corbeau.

Pour faire courir vn œuf à l'entour des doigts.

Prenés vn œuf & luy faites deux petits trous, le vuidez auec le ſouffle, puis apres mettez vn poil de cheual, qui prenne l'vn & l'autre trou, & demeure ſi large, que l'on y puiſſe mettre le doigt, vous le ferés tourner à l'entour.

Pour faires courir vn œufs par la chambre, ſans que perſonne y touche.

Faut prendre des œufs, & les vuider par vn trou que vous y ferés, & y mettre dedans vn petit Grillot, puis le boucher auec de la cire blanche, les mettant à terre, & leur monſtrant vne chandelle, ils feront courir les œufs.

Pour faire monter vn œuf au bout d'vne picque.

Faut prédre vn œuf, le troüer aux deux bouts l'emplir de roſee du mois de May, le reboucher de cire blanche, & mettre au pied d'vne picque au Soleil, & le verrés monter.

Pour faire entrer vn œuf dedans vne bouteille.

Faut prédre vn œuf, & le faire tremper trois iours & trois nuicts dedans du vinaigre, il s'amolira fort mol, puis le mettrés aiſément dans la boutaille. Quand vous le voudrés faire reuenir en son entier, prenés vn peu d'eau fraische, & le faictes tremper, vous en verrés l'effect.

Secret pour faire sortir tous les poix qui cuiront dans vn pot l'vn apres l'autre.

Faut mettre dans vn pot où cuiront les poix vn peu de Mercure, ou de vif argent, asseurés-vous qu'il n'en restera pas vn.

Pour faire sortir le bouillon hors du pot.

Faut prendre vne noisette, & la percer d'vn costé le plus subtilement que vous pourres, puis oster tout ce qui sera dedans, & la remplir d'argent vif, puis la boucher bien fort auec de la cire, & la mettre dedans le pot, il ne restera aucune goutte de bouillon.

Pour faire que la chair cuite semblera estre crue.

Faictes cuire de la chair, & apres qu'elle sera cuite, & que l'aurez tirée du pot, prenez de la poudre de Bresil, & la mettez par dessus.

Pour faire que la chair sortant du pot semblera estre pleine de vers.

Faut prendre des chantelles de Mandosses, les couper par petits morceaux, & les mettre sur la chair, il semblera qu'elle soit pleine de vers.

Pour couper vn filet en cent pieces qui se trouuera entier.

Prenés deux filets d'vne mesme longueur, en entortillerés vn, lequel vous garderez subtilement entre les doigts, puis vous ferez couper l'autre en cent pieces, & estant coupé, vous le

mettrez subtilement auec l'autre, en tournant
tousiours voftre filet entre les doigts, iufques à
ce que vous ayez trouué l'entier, puis le mon-
ftrez à la compagnie, laquelle fera efmerueil-
lée de le voir tout entier, cachant bien le filet
coupé entre les doigts.

*Pour couper vn mouchoir lequel fe
trouuera entier.*

Prenez vn mouchoir blanc, le pliez par le mi-
lieu, puis fubtilement y adioufterez vn mor-
ceau de linge, lequel vous ferez couper, renuer-
fant ledit mouchoir fur les deux bouts, que ca-
cherez fubtilement dans la manche, & puis
monftrerés ledit mouchoir entier.

*Pour faire que mettant vn fol en chacun mouchoir,
il s'en trouuera deux en vn.*

Prenez vn mouchoir, & y noüez vn fol au
bout, puis eftendez le fur la table, accompa-
gné d'vn autre, auquel vous mettrez vn fol de
chacun cofté, puis prendrez celuy que vous
aurez attaché le premier, retirant le fol fubtilement, puis le baillerez à garder à vn de la compagnie, l'autre mouchoir où vous aurez mis les
deux fols, le baillerez de mefme à garder, puis
prendrez le bout du premier, où il ne fe trouuera rien, & les deux fols fe trouueront dans
l'autre.

*Pour faire trouuer deux fols dans la
manche d'vn homme.*

Faut prendre vn mouchoir, & au coing y
noüer deux fols, que le nœud foit vn peu laf-
che, afin qu'ils facent du bruit, puis demandez

deux fols à la compagnie, lefquels mettrés dãs
ledit mouchoir, que vous eftenderez fur la table, faifant en forte que ceux que vous aurés
moüés ne fe voyent, puis enueloppés dans ledit
mouchoir que vous retiendrez fubtilement
dans la main les deux fols, & enueloppez les
deux autres noüets, que vous ferés manier à
vn de la compagnie, puis ietterés le mouchoir
par vn bout en l'air, le tenant par l'autre bout:
vous dirés qu'vn de la compagnie à vos deux
fols, & s'approchant de luy vous luy frapperés
le coude auec la main de laquelle vous tiédrés
les deux fols, & les laifferés tomber à terre le
long de la manche.

Pour prendre oyfeaux qui feront fur vn arbre,
qui tomberont tout plumez.

Prenez argent vif vne dragme, & le mettez
dans vne harquebufe chargee de poudre, puis
tirez aux oyfeaux, tomberont fans plume.

Pour faire qu'vn eftourneau qui fera fur vn arbre
vous viendra dans la main.

Ayez vn vipere, tenez-le à la main, & vous
mettez deffous vn arbre, vous verrés que l'oy-
feau viendra dans voftre main.

Pour cognoiftre fi vne fille eft pucelle.

Prenés vn filet, luy mefurés autour du col,
puis le doublez, & luy mettrez les deux bouts
entre les dents, fi le fil paffe outre la tefte elle
n'eft point pucelle; s'il ne paffe, elle eft pucelle,
s'il paffe mal-aifément, elle n'a encores gueres
trauaillé.

Autre secret pour le mesme.

Faut prendre de son vrine, & mettre vne poignée de froment dedans, & luy laisser l'espace de vingt-quatre heures; si elle fait des vers elle est femme.

Autre tres-asseuré pour le mesme.

Faut prendre de la feuille de pauot blanc, & la mettre dessous la cotte de celle que vous voudrez voir si elle est pucelle, elle pissera à l'heure mesme : si elle ne l'est point, cela ne la fera point pisser.

Pour sçauoir si vne femme est chaste ou non.

Vous compterez le nom de la femme & celuy de la mere, au nombre desquels noms vous adidusterés quinze, & apres le tout ensemble vous partirés en neuf, & si le nombre qui reste est pair, la femme sera impudique & abandonnée: imper, c'est signe qu'elle sera chaste & femme de bien. Ie vous veux bien aduertir que souuent vous vous pourriez tromper à ceux ausquels on baille deux noms au Baptesme: mais à ceste heure-là le second precede le premier, comme s'il aduenoit que quelqu'vn eust nom Ioannes Pauluer, vous prendrez Pauluer & laisserez Ioannes, car cela vous feroit vilainement faillir.

Pour sçauoir qui mourra le premier du mary ou de la femme.

Pour sçauoir & entendre la cause & resolution de cette demande, il faut conter les deux noms propres du mary & de la femme par le nombre des lettres, comme il vous a esté monstré cy-deſſus, & aſſembler ledit nombre des deux noms enſemble, & l'ayant diuiſé par ſept comme deſſus a eſté dit; vous en iugerez ſelon ce qui reſtera. Qui eſt tel, que ſi demeure pair, eſt par cela ſignifié que la femme mourra la premiere: s'il eſt imper ce ſera l'homme: ce qui eſt fort aiſé à entendre, encore reſte il qu'il faut mettre les noms en Latin, auec la vraye ortographe, comme Bonauentura & Maria, Iacobus, & Anna, & ainſi des autres.

Pour faire pierre à deſrouiller toutes ſortes d'armes.

Prenés pierre de ponce, eſmery en poudre, cendre, grez, ſable, autant d'vn que d'autre, puis les deſtremperés auec vn peu d'huille, tant que les ferez reduire en pierre, puis quád vous voudrez faire oſter le roüille, mettez vne goutte d'huille ſur les armes, & les frottez de ladite pierre.

Secret pour empeſcher que les armes ne ſe rouillent.

Ayez greſſe de cheureau, ſuif de mouton, greſſe de renard, moüelle de cerf, autant d'vn que d'autre, faictes les fondre enſemble, puis y mettez du plomb calciné, ſelon la quantité des autres ingrediens : De ceſte compoſition en frottez vos armes deuant le feu, & les eſſuyez apres auec de la farine noire.

Secret merueilleux pour faire vne toile qui reſiſte à la pointe de l'eſpée.

Faut prendre colle de poiſſon, gomme de cedre, de chacun deux onces, maſtic fin trois onces, les faire fondre dás vn pot de terre neuf, & y ad-

& y adiouſter deux onces d'eſmetis d'Eſpagne
en poudre, & autant de plaſtre bien delié, meſ-
ler le tout enſemble, puis y tremper de la toille
de lin eſcruë, & la laiſſez ſeicher à l'ombre.

Secret pour faire qu'vn amoureux eſcriue a ſa
maiſtreſſe, ſans ſoupçon.

L'intelligence eſt, qu'il faut que tous deux
conſiderent toutes les lettres de l'Alphabeth,
& que celuy qui veut parler à l'autre aye vn va-
ze d'airain, ou de cuiure, & frappe deſſus auec
vn baſton, autant de fois qu'il y a de lettres de-
puis l'A, juſques à celle qui doit commencer le
mot, & pour là mieux ce ſigner frappe plus
fort que les autres coups, & conſecutiuement
tant que le diſcours le requiert.

Secret pour faire qu'vn amoureux eſcriue
à ſa maiſtreſſe, ſans ſoupçon.

Il faut que l'amant, & l'amante ayent tous
deux vne fueille de papier, percée en pluſieurs
endroicts, vis à vis l'vn de l'autre, & par les
trous y eſcrire les mots qui ſignifient le deſſein,
puis le chaſſis leué, réplir les blancs de diſcours
inutile; Ceux qui liront la lettre ne trouueront
rien de particulier, s'ils n'ont le chaſſis dont eſt
queſtion, pour appliquer deſſus.

Pour faire qu'vne meſſiue eſcrite en françois ſe trou-
uera en latin, ou autre langue.

Vous eſcrirez quelque lettre feinte auec ancre commune, comme en langue Eſpagnolle,
ou autre que vous voudrez, les lignes aſſez eſ-
loignées l'vne de l'autre, dans leſquelles vous
reſcrirez ce que voulez mander ſecrettement,

auec ius d'orange & d'oignon blanc, à celuy
que voudrés donner la lettre, qui estant infor-
mé du secret, prendra vne plotte de coston
blanc, & la trempera dans de l'eau forte premiere, dont il frottera la missiue, de toutes les
lettres escrites, sans doute auec ancre s'efface-
ront, les autres escrites auec eau d'orange &
d'oignon paroistront iaunes.

Secret pour prendre du poisson auec la main.

Cueillés bonne quantité d'vne herbe nommée quinquefolium en françois cinq fueilles,
pilés là, & en tirés le ius, & lors que vous voudrés auoir du poisson laués vos mains dedans,
& les mettés dedans l'eau, tous les poissons y
accourront.

*Pour faire porter vn mousquet deux fois
plus loing que sa portée.*

Il se peut infailliblement, & sans augmenter
la charge, vous n'aués qu'à faire vn trou à la
balle, & y ficher vne petite fleche de bois le-
ger, & elle ira d'vne vitesse incryable.

Pour oster les taches de dessus les habits.

Prenez fin sauon d'Espagne, & le faites fondre dans vn pot de terre, apres mettés-y de fiel
de bœuf, des jaunes d'œuf, de la cendre deser-
ment quantité suffisante, pour reduire le tout
en paste, dans laquelle vous adiousterés de l'a-
lun calciné, & vn peu de tartre de vin bien de-
liés.

*Pour faire dormir vne personne quatorze
heures sans se resueiller.*

Faut prendre de la gresse de chat, en frotter

les temples de celuy que voudrés faire dormir,
& vous verrés qu'il dormira.

Pour empescher quelqu'vn de dormir.

Ayés alun de plume, reduit en poudre, & le
mettés dedans le lict, vous verrés que celuy
qui sera couché ne fera que se gratter toute la
nuict.

Pour se resueiller à telle heure qu'on voudra.

Faut prendre autant de fueilles de laurier que
vous aurés enuie de dormir d'heures, & les en-
uelopper dans vn linge bien delié, & le bander
droict sur la fontaine de la teste, puis vous cou-
cher sur le costé gauche, la teste fort basse, vous
esueillerés à l'heure que voudrés.

Pour faire chanter vn coq toute la nuict.

Faut attacher dans la poulaillier cinq ou six
miroirs vis à vis l'vn de l'autre, & faire en sorte
de faire passer subtilement par quelque trou
de la lumiere qui darde sur vn des miroirs, le
coq ne cessera de chanter, se voyant, de quelque costé qu'il tourne.

Pour faire courir vn cheual vn iour
entier sans s'offenser.

Faites luy manger de la teste de porc, du fenu
grec, le iour auparauant que voudrés vous en
seruir, & luy frottés bien les jambes auec du
jus d'armoises, il courra vn iour entier, sans
receuoir aucun dommage.

Pour faire courir vne bague sur vne table.

Faites faire vne bague d'argent, ou d'autre
metal, laquelle soit creuse, dans rondauité de
laquelle vous mettés de l'argent vif, & la po-

ſant ſur vne table vous verrés le ieu.

Moyen de faire courir tous les chats d'vn
village dans vn iardin, ou
autre-part.

Faut prendre vne chatte qui ſoit en chaleur
& l'attacher par les pieds à vn arbre, qu'elle ne
puiſſe s'en oſter aucunement, elle fera vn ſi
grand bruit, que tous les chats, matoux, mitós,
raminagrobis y accourront.

Pour faire poudre blanche qui noircira
en la trempant.

Faut prendre du vitriol romain, & la moitié
d'vne nois de Galle, auec vn peu d'eſconſe, le
tout broyé enſemble.

Pour faire poudre qui rend l'eau en couleur
de vin.

Prenez du breſil en poudre vne once auec
la quatrieſme partie de cendre grauellées, les
meſlant enſemble, & en mettant vne pincee
dans vn verre d'eau le verrez rouge: & quand
vous le voudrez faire deuenir en couleur de biere, mettés vn peu de vinaigre dans vn autre
verre, & verſer l'eau rouge dedans, vous la verrez en couleur de biere.

Pour empeſcher de s'enyurer.

Prenés auant que de boire deux cuillerees
d'huille de Betoine, & puis beuués tant que
vous voudrés.

Pour deſenyurer.

Moüillés les parties nobles de l'homme de
fort vinaire.

Pour faire qu'vn chappon semblera rosty, & le voulant coupper s'enfuira.

Prenés vn chappon, & le plumés tout vif, puis prenés de l'eau de vie, & luy faites aualer incontinent il s'endormira, de sorte qu'il semblera tout mort: apres prenez vn pain gratté, en graissant ledit chappon dessus, & lors que le coupperés il s'enfuira.

Pour faire batte gens à table.

Faut prendre les quatre pieds d'vne Taupe, & les mettre dessous la nappe, déuant ceux que voudrés faire battre, vous verrés l'effect.

Pour faire vne chandelle, quand elle sera allumée, tous ceux qui seront dans la chambre sembleront fantosmes.

Faut prendre de la cire neufue, & la mettre dans vn fumier pourry, & au bout des neuf iours la tirer auec les vers qui seront à la cire, puis l'allumer, & vous verrés l'effect.

Pour faire que toutes les pulces d'vne maison s'iront mettre sur les jambes de celuy que voudrez.

Faut auoir du laict d'annesse, & en mettre sur les souliers de celuy que l'on voudra attrapper, & on verra toutes les pulces sur luy.

Pour faire parɔiſtre qu'vne chambre ſerā pleine d'eau.

Faut prendre de la graiſſe d'anguille auec vn peu de vers, & la mettés dans vne lampe où il y aura de la meſche de cotton, & incontinent vous en verrés l'effeƈt,

Pour faire que donnant vn coup de baſton à vne bouteille pleine de vin, elle ſe caſſera, & le vin ne tombera pas.

Faut prendre vne bouteille & y mettre vne veſſie dedans, & l'emplir ſubtilement par le goulet & la bien boucher, puis la pendre au plancher, & y donner vn coup de baſton, elle ſe caſſera, & le vin ne tomberas pas.

Pour faire de l'ancre à eſcrire.

Faut prendre vne once de noix de galle, vne once de vitriol romain, pulueriſer le tout enſemble, & les mettre dans vn verre d'eau & les laiſſer vn iour, elle deuiendra noire : & tant plus elle y demeurera, melleure ſera.

Pour faire mourir toutes les Taupes d'vn iardin.

Faut prendre de la chanure, & la planter la point en bas & la racine en haut.

 Edit sieur RONDIN à plusieurs excellents remedes, có-
me Baume, onguét pour les brus-
lures, Pommade, emplastre pour
les cors des pieds, plusieurs essen-
ces & rares secrets tirés de la Chy-
mie, met hors les dents auec vne
facilité incroyable, en remet d'ar-
tificielles à qui il en manque, blan-
chit & netoye celles qui sont car-
riees, remedie à la feteur d'icelles,
faict tomber promptement les
cors par l'operation de la main, &
à quantité de gentillesse qu'il có-
muniquera liberalement aux be-
aux esprits.

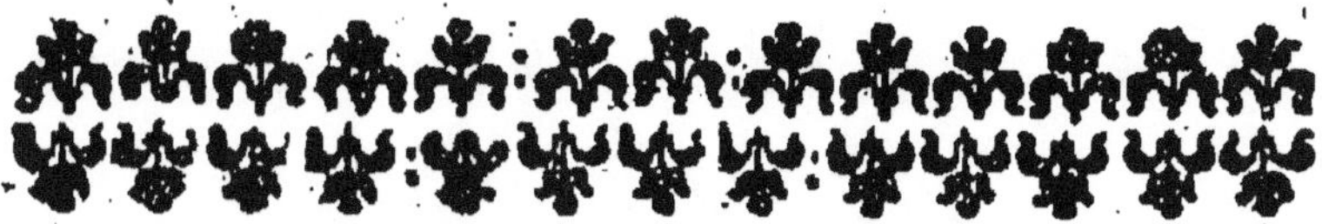

Il est logé vis à vis du cheual de
Bronze à l'entrée de la place D'au-
phine à main gauche secóde bou-
tique ou pend pour Enseigne son
pourtraict, & pour addresse vne
affiche.